我的家在中國・城市之旅③

浦江兩岸
新 天 地

上海

檀傳寶◎主編　　王小飛◎編著

中華教育

目　錄

看看這張神奇的地圖，讓我們
乘坐磁懸浮列車在地圖上旅行吧！
沿途會有甚麼發現呢？

「阿拉」是上海話中「我們」的意思。

「阿拉」遊外灘

外灘並不「外」

外灘的由來

沒去過上海的人，一定會從影視劇中知道「上海灘」（「上海灘」也叫「外灘」）。為甚麼是「外灘」，而不是「裏灘」或「內灘」呢？

在上海地名的命名習慣中，一般把河流的上游叫作「裏」，河流的下游叫作「外」。黃浦江在陸家浜出口處形成一個急彎，於是上海人就以陸家浜為界，其上游稱為「裏黃浦」，下游稱為「外黃浦」。裏黃浦的河灘叫作「裏黃浦灘」，又稱「裏灘」，外黃浦的灘地就叫作「外黃浦灘」，簡稱「黃浦灘」或「外灘」。

上海簡稱的來歷

　　大約在六千年前，現在的上海西部即已成陸，而東部地區成陸距今也有兩千年之久。

　　在公元四至五世紀的中國（即晉朝時期），以捕魚為生的居民創造了一種竹編的捕魚工具叫「扈」，又因為當時江流入海處稱「瀆」，因此松江下游一帶被稱為「扈瀆」，以後又改「扈」為「滬」。因此上海簡稱「滬」。

「春申君」在上海

上海與水淵源頗深。上海又稱「申」。橫貫上海市的黃浦江又名春申江，與「戰國四公子」之一的楚國春申君黃歇同名，至今上海仍有不少物業以「春申」冠名，如「春申日報」「春申大酒店」。

◀「戰國四公子」之一的春申君

3

「十里洋場」有點長

舊照片裏的上海

在爺爺奶奶們的眼裏，老上海的神奇是因為「十里洋場」的十足「洋味」。

20世紀30年代的上海，是東方最繁榮的城市之一。

「十里洋場」，代表的是上海本土的吳越文化與外來的西洋文化的碰撞與交融。我們來看一組舊上海的老照片吧！

▼20世紀30年代上海的街道　　▼20世紀30年代的「十里洋場」

翻翻家裏的舊照片，看看有沒有老上海的味道！

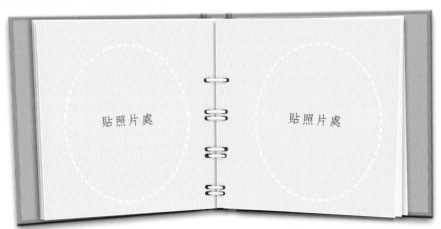

貼照片處　　　　　貼照片處

為甚麼租界是「洋場」？

上海市民因租界裏洋貨充斥，洋房高聳，洋人比比皆是，所以把租界叫作了「洋場」。 可是為甚麼要加「十里」呢？

◀ 上海租界旗幟

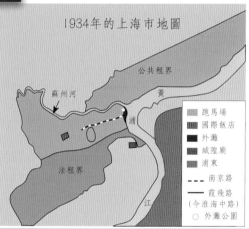

1854年7月，英法美三國在上海成立聯合租界。1862年，法租界從聯合租界中獨立；1863年，英美租界正式合併為公共租界 ▶

1934年的上海市地圖

蘇州河
公共租界
黃
浦
外灘
法租界
江

跑馬場
國際飯店
外灘
城隍廟
浦東
--- 南京路
霞飛路
(今淮海中路)
○ 外灘公園

「洋場」為甚麼是「十里」

據《上海辭典》載：上海開埠後，外國人不斷湧來滬上，在外灘建造洋樓，開設洋行，並劃定租界，其時最早的英美兩租界（即公共租界）的長度約十華里，自此即有「十里洋場」之稱。上海的租界從1845年11月設立開始，至1943年8月結束，歷時近百年。

1937年淞滬會戰後，上海淪陷，日軍佔領上海全城。至此，十里洋場的熱鬧繁華就此終結 ▶

中國第一隻股票

股票上海造

你了解股票嗎？中國近代及改革開放後內地第一隻股票均與上海有關。

1872 年 12 月，中國近代第一家輪船公司——輪船招商局在上海成立，並且在當月公開向社會發行了股票。這是我國歷史上發行的第一張股票，它比我國的第一套郵票還早六年。接著江南製造局、開平礦務局等工礦企業也相繼發行股票，從此揭開了我國股票發行、上市的大幕……

▲ 我國歷史上第一張股票

1984年，上海飛樂音響公司的「小飛樂」股票，成為改革開放後我國內地公開發行的第一張股票。

目前上海證券交易所是中國大陸兩所證券交易所之一。截至 2021 年 1 月，上海證券交易所已擁有上市公司超千個。

萬國建築展

百年前的上海已是遠東經濟貿易中心,被譽為「東方巴黎」或「大上海」,經濟發達、商貿活躍。

「萬國建築」來自一萬個國家嗎?

像招商局大樓這樣用石頭堆砌的建築,外灘上有很多。它們代表了上海曾經輝煌的經濟中心地位。初次到訪外灘的人,一定會有恍惚在異域的感覺,但又說不清到底來自哪個異邦。因為那裏的建築來自很多國家:英國的、法國的、美國的、日本的、中國的⋯⋯所以稱之為「萬國建築」。

當然,這些在外灘一字擺開的歐式大樓,大多是和經濟相關的公司,如銀行、外貿公司等。

◀位於外灘23號的中國銀行大樓在1937年建成。這幢大廈是當時外灘(中山東一路段)眾多建築中唯一一幢由中國人自己設計和建造的大樓,堪稱近代西洋建築風格與中國傳統建築文化成功結合的傑作之一

浦西的牀·浦東的房

划着小船去上班

20世紀初

橫貫市區的黃浦江簡稱浦江，將上海一分為二，即浦西和浦東。浦江兩岸的變遷見證了城市的發展繁榮。渡江一直是上海人生活中很重要的事。

▲私人客渡船過江

很久很久以前

▲划舢板或手搖小船

8

現在

▲ 較大的客渡船過江

我找到兩張渡口的照片，原來變化這樣大。

▲ 上海黃浦江舊貌

▲ 現在的黃浦江輪渡

「寧要浦西一張牀」？

　　上海有句老話：「寧要浦西一張牀，不要浦東一間房。」描述的是浦西與浦東之間的差別。一水之隔的浦江兩岸，為何會有如此大的差距呢？

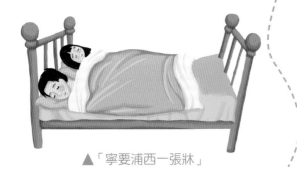

▲「寧要浦西一張牀」

▲「不要浦東一間房」

　　過去，浦東比浦西建築設施簡陋很多，房屋破舊，一副荒郊野外的樣子。浦東浦西還隔着滔滔黃浦江，大家去浦東上班需擺渡過江，非常不方便。而且當時的輪渡極其擁擠，民生路渡口還發生過踩踏事故。這樣的生活，當然是「寧要浦西一張牀，不要浦東一間房」了！

過去的浦東每逢雨天，可謂水漫金山、爛泥鋪路！

江面上下的風景

現在如果要過黃浦江，你會有很多選擇：江上有大橋，江中有輪渡，水下則有過江隧道。小朋友最喜歡的過江方式，莫過於乘坐外灘觀光隧道車，穿越「夢幻未來」了。

這種牽引式隧道車車廂全封閉、全自動、無人駕駛，箱體美觀、舒適、輕盈、透明度高，整個過江時間約需 2.5 ～ 5 分鐘，其運輸能力最高可達 5280 人 / 小時！

◀江底觀光隧道

今天，「寧要浦西一張牀，不要浦東一間房」的說法顯然已經過時。20 世紀 90 年代後，中央政府宣佈以建設亞洲乃至世界金融中心為目標的浦東新區開發戰略。經過數十年的發展，上海特別是浦東已經發生了翻天覆地的變化。

楊浦大橋夜景 ▶

城市祕籍——上海的「三大神器」

浦西到浦東過江方式的變化，標誌着中華人民共和國成立後上海取得的巨大進步，而日新月異的浦東更是改革開放的偉大見證。

如果有機會登上浦東的高樓，你可一定要對比一下今天浦西和浦東建築的高度，看看哪邊的建築平均高度更高？

浦東高樓的高度		
高樓	高度	建成年份
上海中心大廈	632米	2016年
上海環球金融中心	492米	2008年
東方明珠廣播電視塔	468米	1994年
上海金茂大廈	420.5米	1999年
上海世貿大廈	333米	2006年
上海恆隆廣場	288米	2001年
上海明天廣場	284.6米	2003年
上海香港新世界中心	279米	2002年
上海交銀金融大廈	265米	2002年
中國銀行	258米	2000年

上海環球金融中心　金茂大廈　上海中心大廈

仔細觀察浦東高樓的形狀，你找到浦東高樓中的「三大神器」—打蛋器、開瓶器、注射器了嗎？完成下面的小檔案吧。

「打蛋器」小檔案

建築名稱：

建築年份：

建築特色：

「神器」的故事：

「神器」照片：

貼照片

「開瓶器」小檔案

建築名稱：

建築年份：

建築特色：

「神器」的故事：

「神器」照片：

貼照片

「注射器」小檔案

建築名稱：

建築年份：

建築特色：

「神器」的故事：

「神器」照片：

貼照片

東方明珠廣播電視塔

跑得最快的火車

磁懸浮列車怎麼跑

如果有機會去科技館，你一定會被一種飛速奔馳的火車「玩具」所吸引：沒有輪子，而且不用挨着鐵軌——一種靠磁懸浮力（即磁的吸力和排斥力）來推動的列車。

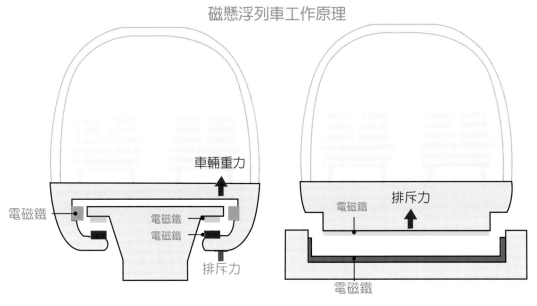

磁懸浮列車工作原理

車輛重力

電磁鐵

電磁鐵

電磁鐵

排斥力

電磁鐵

排斥力

電磁鐵

▲ 德系EMS磁浮列車，通過T導軌車的磁鐵把列車「吸」起來

▲ 日系EDS磁浮列車，軌道是U形的，列車運行時軌道和列車的磁鐵相斥，讓列車「浮」起來

磁懸浮列車最快速度可以高達每小時550公里以上，比輪軌高速列車最高時速400多公里還要快很多！

對磁懸浮技術的研究源於德國，早在1922年，德國工程師赫爾曼·肯佩爾就提出了**電磁懸浮原理**，並於1934年申請了磁懸浮列車的專利。20世紀70年代以後，德國、日本、美國、加拿大、法國、英國等發達國家相繼開始籌劃進行磁懸浮運輸系統的開發。

上海的磁懸浮列車

目前世界上唯一一條投入正式商業化運營、跑得最快的火車——磁懸浮列車線路，是位於上海的上海磁懸浮示範運營線。

磁懸浮列車現在已經成為上海的一道風景，去上海的人一般都不願錯過這個感受「風馳電掣」的機會。

上海磁懸浮列車出行便利，有助於促進經濟發展，進一步加強了浦東與浦西的聯繫。

磁懸浮列車於2002年12月31日啟用，當時的中國總理朱鎔基與德國總理施羅德在龍陽路站主持剪彩儀式。線路正線全長約30公里，連接浦東機場和市區，設計最快運行速度為每小時431公里，單線運行時間約8分鐘。

線路三
藏着「三趾龍」的豫園

「三趾龍」傳奇

豫園龍牆

在上海的豫園，藏着一條「三趾龍」。你平時有沒有觀察過龍腳上的腳趾？傳說中龍的腳趾或爪子在每個朝代都一樣嗎？

中華民族的龍的腳趾為五隻，四隻的為蟒或蛟。五隻爪是皇帝的象徵，稱之為「五爪金龍」，用在龍袍或皇宮的裝飾上等。受中國影響，亞洲很多國家和地區也信奉龍，但他們的龍只有三爪、四爪。

在中國古代，四隻腳趾的龍是親王、大臣用，如果用錯了，那可是抄家滅族的大罪。

古代中國龍趾的數量

明代流行四爪龍，清代則是五爪龍為多。三爪龍為元代的典型，這可以從元代的瓷器上找到答案。元以前的龍基本是三爪的，有時前兩足為三爪，後兩足為四爪。周則是「五爪天子、四爪諸侯、三爪大夫」。

民間「五爪為龍，四爪為蟒」的説法形成於清代，主要作為皇帝與下臣服裝上紋飾的差別，皇帝穿「龍袍」，其他皇族和下臣穿「蟒袍」。

但這只是名稱上的差別而已，從龍的形態來講，無論龍和蟒都是四足蛇類，形狀並無差異。

豫園是江南園林藝術的瑰寶之一，原是明代官僚地主潘允端的私人花園。

相傳潘允端在豫園裏建了龍牆，這個消息很快傳到了皇帝的耳朵裏，皇帝要派人調查。幸好潘允端消息靈通，趕緊讓人敲下龍的兩個腳趾來。等調查的官員到來一看，只是三個趾的龍而已。於是調查官就息事寧人，交差了事。

▲ 看到被敲掉龍趾的龍爪了嗎？

「愉悅老親」在豫園

豫園建園已有400多年。取名豫園，是因為「豫」與「愉」兩字相通。據潘允端説，建造此園，是為了「愉悅老親」，供其父享用，因而博得了一個大孝子的美名。其實，其父潘恩於萬曆十年（1582年）已去世，當時供潘恩享用的樂壽堂尚未造好，因此潘恩自然也沒有福氣「愉悅」了。

一廟三城隍

老城隍廟在上海的地位和影響很大，曾經有「到上海不去城隍廟，等於沒到過上海」的說法。「城隍」是道教中城市的保護神。但上海的城隍廟有點特別，一座廟裏坐有三個「城隍」⋯⋯

▲上海城隍廟

「三神」佑城市

第一位城隍爺為西漢名將霍光。霍光是上海資格最老的城隍爺。

第二位城隍爺為元末明初的秦裕伯。傳說他是一個孝子，為他母親專門建了一座像金鑾殿的建築。被人告密，皇帝派人來查，他連夜將殿改成金山神廟，躲過了一場災禍。後清軍南下屠城前夜，清軍將領夢見了秦裕伯警告他不准殺人，這才避免屠城。

第三位城隍爺為清末的陳化成。1937年抗日戰爭爆發後，市民為了表達誓死抗爭的決心，從「陳公祠」中請出了1842年第一次鴉片戰爭中血染吳淞口、在吳淞炮台戰死的江南提督陳化成的神像。陳化成這位「新」的城隍爺，被民間雕塑家塑成英雄形象。

這裏的小吃有點甜

走進豫園、城隍廟，也就同時走入了尋常上海人的生活。

提起上海人的日常生活，不得不提上海的美味。城隍廟是最容易體驗到上海小吃特色的美食城，這裏的小吃品種最齊全。

▲ 上海美食

上海的小吃

很多人對上海的美食存在一種普遍的觀念，認為這裏的飲食偏甜。實際上，上海美食的甜味，是以清淡、鮮美、可口著稱。

上海的小吃，有蒸、煮、炸、烙，品種很多。最為消費者喜愛的，莫過於湯包、百葉、油麵筋。這是人們最青睞的「三主件」，做工精細、小巧玲瓏、皮薄餡多，不論是哪一種餡，都鹹淡適宜，口感極好。這種精細、適中和聰穎的美食文化，正好對應了這座城市的主要特徵。

▲百葉包肉　　▲湯包

油麵筋▶

新青年、新天地

一本雜誌的時代

一個世紀以來，上海憑借優越的地理位置，總是率先迎來海外之風，不斷開闢新的「天地」。

約百年前，中國時局堪憂、前路不明，一批熱血愛國青年，聚集上海灘，創辦《新青年》。他們大力宣傳和倡導科學（「賽先生」，Science）、民主（「德先生」，Democracy）和新文學，以一本小小的雜誌，發出了開創新時代的吶喊。

▲《新青年》是20世紀20年代中國一份具有影響力的革命雜誌，在五四運動期間起到重要作用。這本雜誌由陳獨秀在上海創辦，陳獨秀、錢玄同、高一涵、胡適、李大釗、沈尹默以及魯迅輪流編輯

敬告青年

《新青年》直接吹響了新文化運動的號角。甚麼是新青年、新時代、新文化？在創刊號上，陳獨秀發表創刊詞《敬告青年》作出回答，並向青年提出六點要求：

★ 自由的而非奴隸的

★ 進步的而非保守的

★ 進取的而非退隱的

★ 世界的而非鎖國的

★ 實利的而非虛文的

★ 科學的而非想像的

走進新天地

《新青年》雜誌的誕生地，在今淮海路南側，距離人民廣場兩公里左右。如今這裏已經成為一個新銳、時尚、繁華的商業區，成為上海的新地標。它的名字叫「新天地」。

◀古老的石庫門房子被改造為時尚又具情調的「新天地」

▲ 石庫門新天地——「一大」會址

望志路的燈光

「新天地」這個名字的選用還有一個更為特殊的理由——中共「一大」會址地就在這裏。

1921年7月23日，由各地共產主義組織派出的13名代表走進望志路106號這扇小門，聚首在石庫門的一座普通小樓裏，舉行中共「一大」開幕式。中共「一大」召開，宣告中國共產黨正式成立。正是從這個石庫門透出的光，照亮了中國歷史新的天地。

當年，一位叫羅康瑞的香港企業家獨具慧眼，對石庫門建築羣進行了外部修復整容和內部設施更新，形成了「新天地」。「新天地」不僅保留了上海本土文化，而且也成為藝術家和外籍人士聚會的時尚場所。

▲ 石庫門是一個典型的上海弄堂。弄堂是海派文化的重要組成部分，那一條條橫七豎八的、窄窄的老弄堂，因為特別適合小孩捉迷藏，曾經成為很多孩子嬉戲的天堂

羅康瑞在接受媒體採訪時曾經解釋說：「因為『一大』會址在這邊。我想『一』加『大』就是『天』，這是一個新的天地。名字就這樣叫起來了。」

走進新上海

撥慢一小時的海關大鐘

每天清晨，位於外灘中山東一路 13 號的海關大樓，總會用悅耳的報時鐘聲和樂曲，按時叫醒城市中的每一隻「耳朵」，迎接新一天的到來。

四改報時樂曲

過去，外國輪船由吳淞口駛入黃浦江，當可以看到海關大樓並聽到鐘聲和樂曲時，就表明他們很快將進港辦理船舶入境海關手續和裝卸進出口貨物。可以說，海關大樓起到了航標和燈塔的作用。近百年來，海關大樓上所播放的樂曲曾歷經了四次修改。這是怎麼回事呢？

海關大樓的「三最」

由浦東泥水匠楊斯盛在 19 世紀後期承建（英國人設計）的海關大樓，最終建成於 1927 年，中華人民共和國成立前稱為江海關大廈。當時，它創造了三個「最」——外灘最高建築物、建築面積最大、鐘最大。

海關鐘聲的「四變」

1928 年元旦開始，每隔一刻鐘，海關鐘樓裏的四口小鐘就奏響英國古典名曲《威斯敏斯特》；

1966 年，鐘聲以《東方紅》代替；

1987 年，英國女王訪滬，鐘聲恢復為《威斯敏斯特》；

1997 年 7 月 1 日香港回歸祖國，從當年 6 月 30 日零時起，停奏海關大鐘報時樂曲，只響整點鐘聲；

2003 年，海關大鐘重新奏起了《東方紅》。

海關響起「北京時間」

　　中華人民共和國成立前我國沒有統一時間，當時上海的時間比北京時間早一個小時。1949年6月1日零時，海關大鐘撥慢一小時，自此宣告了「北京時間」的到來。幾十年來，海關大樓和它頂部的這口大鐘，見證了上海的滄桑和巨變。

　　海關大樓不僅成為外灘的一道風景，而且其播放的「北京時間」和動聽樂曲，也方便了城市人的出行、愉悅了大家的心情。

◀ 上海海關大樓

丟失的「國門鑰匙」

　　從1854年上海江海關建立洋關制度一直到1949年，江海關都被英、美、法、日等列強所控制。中華人民共和國成立前，江海關的歷任總稅務司（相當於現在的海關關長）除了兩人外，其餘都是外國人。中國的海關管理權——「國門鑰匙」長期遺落。

上海海關業務量激增

　　70多年來，上海海關業務量增長迅猛。1950年，上海海關共監管進出口貨物總值1.19億美元，貨運總量為21.3萬噸；2017年則超過7.92萬億美元，佔全國進出口貨值的28.5%。

重温上海世博會

1893 年，民族企業家廣東香山人鄭觀應等人向清朝政府提議，在上海舉辦一個能夠令「萬國來朝」、中國文化弘揚於世界潮頭的萬國博覽會。但是無奈當時中國貧窮落後，這個提議最後不了了之。

一百多年後的 2010 年，鄭觀應「為國請會」的夢想變成了現實——上海終於成功申辦世界博覽會。

鄭觀應 ▶

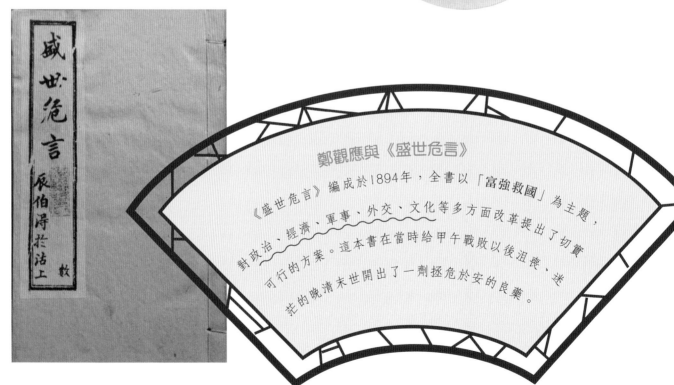

鄭觀應與《盛世危言》

《盛世危言》編成於1894年，全書以「富強救國」為主題，對政治、經濟、軍事、外交、文化等多方面改革提出了切實可行的方案。這本書在當時給甲午戰敗以後沮喪、迷茫的晚清末世開出了一劑拯危於安的良藥。

早期博覽會主要展示的是工業或科技革命的成果。鄭觀應能夠想到上海，一方面表明了他本人希望祖國強大，另一方面也表明當時上海的國際地位已足以令他感到自信。但畢竟當時的國家內憂外患，工業、科技方面與西方列強相比，還是有很大的差距。

▲1851年英國首屆工業博覽會上展示了蒸汽機

▶ 瓦特

萬國博覽會

萬國博覽會或世界博覽會，簡稱世博，是一項由主辦國政府組織的有較大影響和悠久歷史的國際性博覽活動。各參展國通過建立展館，向世界展示在當代文化、科技和產業上正面影響生活各範疇的成果。

▲ 2010年上海成功舉辦世博會

中国2010年上海世博会吉祥物
EXPO 2010 SHANGHAI CHINA MASCOT HAIBAO

▲ 上海世博會吉祥物——海寶

上海世界博覽會

中國上海世界博覽會（Expo 2010）
是第41屆世界博覽會，也是由中國舉辦的首
屆世博會，會期從2010年5月1日至10月31日。上海
世博會以「城市，讓生活更美好」（Better City,
Better Life）為主題。當年7308萬的參觀人數創下了
歷屆世博之最。

EXPO 2010 SHANGHAI CHINA

新上海、長三角

當你入夜時分來到上海的街道，一座座由玻璃格子鑲嵌且霓虹閃爍的大廈就會「撲面而來」，與古代華亭縣的那個小漁村相比，如今的「玻璃城」盡顯繁華。

玻璃城

「玻璃城」實際上是說上海是一個幾乎沒有夜晚的城市。燈火輝煌、汽笛聲聲的背後，是一個個緊張學習、努力工作的身影。

◀南京路

▼淮海路

▲金茂大廈內部

看看你能不能讀懂這段上海話：

歡迎儂到上海來白相，阿拉上海變化老度咯，浦東看一看，浦西走一走，兜兜南京路，逛逛城隍廟，大家開心來。

▲東方明珠廣播電視塔

中華人民共和國成立之後，特別是 1978 年改革開放以來，上海的城市面貌日新月異，目前已成為我國最大的經濟中心和國家歷史文化名城。滬上的國際組織豐富活躍，各國企業英雄逐鹿，科研院所林立多樣，昔日「東方巴黎」的盛況百年後得以重現，而且大有超越過去的勢頭。

在地圖上找找復旦大學 上海交通大學 同濟大學 三所學校吧！

復旦大學

同濟大學

復旦大學醫學院

上海交通大學

城市也有生病時

城市發展必然帶來「城市病」。上海也一樣，如人口太多、用水用電緊張、堵車、河水污染等。「生病」並不可怕，關鍵是對待這些「城市病」的態度和治理它們所付出的努力。

一封設計公司的來信

2007年年底，上海市政工程管理局收到一封來自設計公司的信。信中說，外白渡橋當初設計的使用期限是100年，於1907年交付使用，現在已到期，提醒管理者們注意對該橋進行維修和「保養」。

信中特別就大橋橋基的維修提出了一些細節性的建議。設計公司還為上海市政工程管理局提供了大橋設計圖紙。

▲ 外白渡橋接受「保養」

鋪開這些設計圖紙，人們驚訝地發現，雖然經歷了百年的歲月，這些圖紙依然被保存得完好如初，沒有一點劃痕、皺褶。圖紙雖然是手工繪製而成的，但卻線條工整，每一數據、每一符號都不差分毫，設計者、審核、校對、繪圖人的姓名都一目了然，清晰可見。這是外白渡橋的「出生證明」和「護身符」。

也許百年後的設計者早已不在了，即使不告知也不會留下任何證據，他們為甚麼還要如此執着呢？

▲ 聞名中外的外白渡橋是舊上海的標誌性建築之一，是中國第一座全鋼結構鉚接的橋樑，也是當今中國唯一留存的不等高桁架結構式橋

如今，經過維修和「保養」後的大橋，再次穩健地步入了新的百年歷程，及時的提醒避免了橋毀人亡的悲劇，也給城市管理者們上了一堂生動的管理課。

長三角的「火車頭」

　　2013 年，國家在上海成立「中國（上海）自由貿易試驗區」（簡稱「上海自貿區」），上海自貿區的設立必將進一步帶動和促進以上海為中心的長江三角洲地區（簡稱「長三角」）城市羣的新發展。

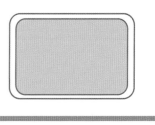

上海自貿區

　　2013年9月29日，上海自貿區正式掛牌成立。自貿區是設於上海市的一個自由貿易區，也是中國大陸境內第一個自由貿易區，必將為上海的未來發展帶來巨大的改革紅利。

上海自貿區範圍

　　涵蓋上海市外高橋保稅區、外高橋保稅物流園區、洋山保稅港區和上海浦東機場綜合保稅區等多個海關特殊監管區域。

城市攻略——城市連連看

近代以來，上海一直是「長三角」的中心。

為了加快發展步伐，近年「長三角」城市圈曾多次提出建設高速鐵路和磁懸浮鐵路的動議。這些動議包括大上海1～2小時交通圈、杭州等城市與上海之間的「主動接軌」方案等。隨着2013年7月杭寧（杭州─南京）高鐵通車，環繞上海的高鐵「長三角」形成，「火車頭」上海帶領下的「長三角」城市羣發展提速，具備了初步的「硬件」條件。

查找上海地圖，在地圖上將長三角重要城市「連連看」，會是甚麼圖形呢？

我的家在中國・城市之旅③

浦江兩岸
新天地 上海

檀傳寶◎主編　王小飛◎編著

責任編輯：楊安琪

裝幀設計：龐雅美

排　版：龐雅美　鄧佩儀

印　務：劉漢舉

出版 / 中華教育

香港北角英皇道 499 號北角工業大廈 1 樓 B

電話：（852）2137 2338

傳真：（852）2713 8202

電子郵件：info@chunghwabook.com.hk

網址：https://www.chunghwabook.com.hk/

發行 / 香港聯合書刊物流有限公司

香港新界荃灣德士古道 220-248 號

荃灣工業中心 16 樓

電話：（852）2150 2100

傳真：（852）2407 3062

電子郵件：info@suplogistics.com.hk

印刷 / 美雅印刷製本有限公司

香港觀塘榮業街 6 號

海濱工業大廈 4 樓 A 室

版次 / 2021 年 3 月第 1 版第 1 次印刷

©2021 中華教育

規格 / 16 開（265 mm x 210 mm）